我是一只大眼睛的红蜻蜓。我们红蜻蜓是独一无二的飞行能手！

我和屎壳郎一起用粪球攻击蜘蛛网，

我们很帅吧？

看见蜘蛛的哭脸了吧？

1

　　作为世界上眼睛最多的昆虫，我并没有因此而找到更多的蚊子或者蛾子这样的食物。不过，如果不是有这么多眼睛，我可能连基本的饱腹都做不到吧？谁让我的小飞虫食物都那么狡猾呢！

昆虫日记

机灵的蜻蜓

儿童情感体验与情商启蒙故事

张 洋 著

化学工业出版社

·北京·

图书在版编目（CIP）数据

机灵的蜻蜓 / 张洋著. —北京：化学工业出版社，2019.7

（昆虫日记）

ISBN 978-7-122-34264-5

Ⅰ.①机… Ⅱ.①张… Ⅲ.①蜻蜓目-儿童读物 Ⅳ.①Q969.22-49

中国版本图书馆CIP数据核字（2019）第063359号

责任编辑：旷英姿　　　　　　装帧设计：大　恒
责任校对：王　静

出版发行：化学工业出版社(北京市东城区青年湖南街13号　邮政编码100011）
印　　装：北京尚唐印刷包装有限公司
710mm×1000mm　1/16　印张3　字数40千字　2019年7月北京第1版第1次印刷

购书咨询：010-64518888　　　　售后服务：010-64518899
网　　址：http://www.cip.com.cn

凡购买本书，如有缺损质量问题，本社销售中心负责调换。

定　　价：20.00元　　　　　　　　　　　　版权所有　违者必究

3

阳光太耀眼了，我戴了副太阳镜，
可是脑袋太重了没法飞行。

他们都在笑我。

5

大眼怪！

大眼怪！

6

蝴蝶说我的眼睛占去了脑袋的三分之二，是难看的大眼睛怪物。她一定是嫉妒我有美丽的红色身体。我可是蜻蜓里面最漂亮的红蜻蜓……

蝴蝶说要和我比赛飞行，她难道不知道我是昆虫里面飞行速度最快的吗？翅膀宽、颜色漂亮又有什么用呢？还不是会输给我！

我的眼睛可以向前看……

向后看……

向上看……

向下看……

蝴蝶也学我的样子，可是她只是把脑袋向上向下转动罢了。我这个本领是天生的！

今天看见姐姐用尾巴点水，好像蛮好玩的样子，我也去学着玩。姐姐问：你也开始产卵了吗？

我说：产卵是什么意思？

姐姐就把我赶跑了……

一群孩子看见我了，一边挥动着网兜跑过来，一边还大喊：蜻蜓，蜻蜓……

我跟姐姐说要她以后多跟我玩，姐姐笑了，说她没空。

看我飞行的样子像不像飞机？我觉得飞机就是根据我们的特点而发明的。

昆虫中的战斗机！

到哪里可以查到这些知识呢？如果蝴蝶知道了我们的特点，就不会老跟我作对了。

17

今天，我想试试没有翅膀会怎么样。结果没有翅膀的我只能在枝头停留着，很累！

　　我又想试试只有一边的翅膀会怎样，结果发现我只用一边的翅膀也能飞。我要立刻将这个消息告诉妈妈、姐姐和蝴蝶。

吕宋蜻蜓就是爱玩水。他的脸那么干净，是玩水的时候洗干净的吧？真是一只骄傲的蜻蜓，我和他打招呼，他居然不理会我！漂亮就了不起吗？

红的，粉的，黄的，黑的，绿的，白的，紫的，蓝的……

　　今天到底是什么日子？为什么这么多蜻蜓聚集到一起了？是家族聚会吗？还是姐姐最抢眼……

　　原来是要下雨了。

今天我和姐姐吵架了。姐姐说我像个总也长不大的孩子，我很生气！——我本来就是个孩子。妈妈说蜻蜓从来不打架，不能到了我们这里就坏了规矩。我不打架，但是我心里还是会生姐姐气的。

@#%!&?%@#...

快离开那里！

7月13日

今天飞了一整天，真累。傍晚，我停在篱笆上想歇会儿，姐姐说这个时候最危险，因为小孩最喜欢在这个时候来逮我们，真是危险！我赶紧回家了，我原谅姐姐了。

　　今天，我听见两个小孩的对话。一个说要去找捕网，另一个说找到捕网就可以逮蜻蜓了，他们想把蜻蜓放在蚊帐里，帮他们消灭蚊子。真是两个爱玩的小孩，但我可是出了名的机灵鬼，没那么容易被抓住的！

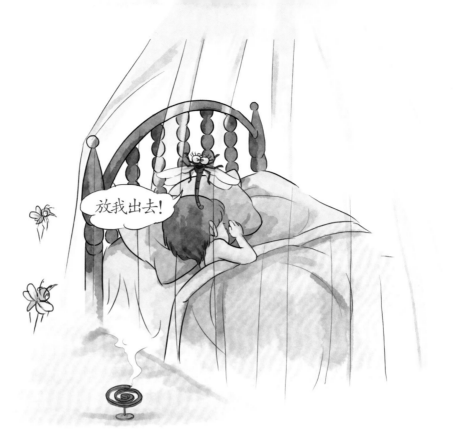

而且，我会乖乖地帮他们消灭蚊子吗？

我小时候是个丑八怪，长得
像蜘蛛，生活在水里，吃蚊子的
幼虫。

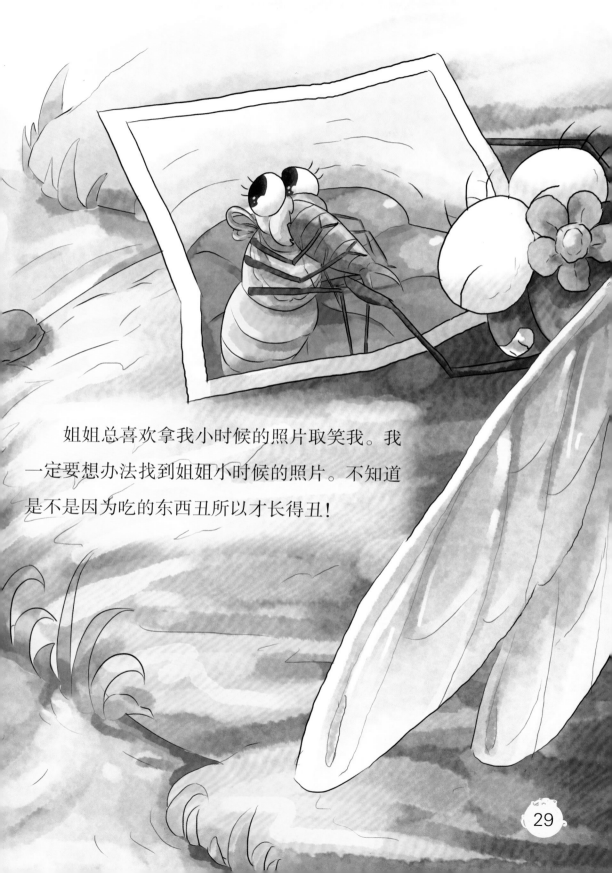

　　姐姐总喜欢拿我小时候的照片取笑我。我一定要想办法找到姐姐小时候的照片。不知道是不是因为吃的东西丑所以才长得丑！

一只小蚊子在我面前得意地飞。我看一眼就知道他的飞行速度，要抓住他实在太容易了。这只小蚊子一定是不听他妈妈的话，还想来挑衅我这只蜻蜓……

蚂蚱的翅膀和我们蜻蜓的翅膀
很像，但他们飞得太慢了。

蝉的翅膀长得也很像我
们的，可是他们的身体又短
又粗，没有我们好看。

螳螂好像只善于蹦跳，不善于飞，也飞不远。

蝴蝶的翅膀是好看，可是他们和蛾子是近亲……

我们蜻蜓是独一无二的！

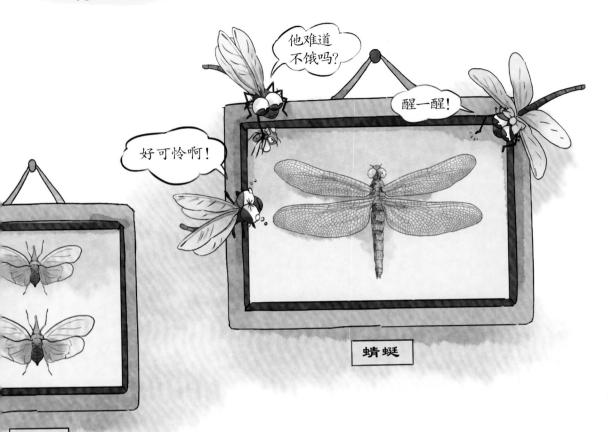

蜻蜓

那个叫标本的东西真可怕。我的伙伴外表跟活着的时候一样，就是不能动。我可不要当标本！

老师说是为了留住伙伴们的美丽才把他们做成标本的。这句话我没听懂，是我笨吗？

　　我喜欢这样跳舞。慢悠悠地，一会儿高一会儿低，一会儿远一会儿近，然后像箭一样飞快地落到草尖上。

　　蝴蝶都看傻了，她问我跳的是什么舞。我说是探戈。

其实，我也不知道是什么舞……

我还会跳恰恰！

　　屎壳郎在使劲地推粪球，他硬说我挡住了他的路。我不过是在地上停留了一下，看蚂蚁搬家呢。屎壳郎说话时，嘴里也有粪球的味道，他吃那个……

我不想吵架，就直接飞走了。我可是蜻蜓，美丽的红蜻蜓，不想沾染上粪球的味道。

蝴蝶说她生病了。我想去看看她，送她点什么呢？

她喜欢吃花粉和花蜜，可是我没有力气采下花蜜给她送去。要不然我帮她多吃点？虽然我更喜欢吃害虫，不过为了朋友就将就一下吧！

蝴蝶一定喜欢这个！

我讨厌蜘蛛，蜘蛛的网经常粘住我们。

如果我能用什么东西破坏掉他们的网就好了……

用什么办法呢？屎壳郎的粪球？

我怎么觉得她们是想看我的热闹呢?

作者介绍

　　张洋，18年少儿出版策划和创作经历，一个富有童心的人。

　　主要作品：儿童科普日记《戴耳环的猪》《枫叶喝醉了》；校园家庭生活日记《受委屈的猪》《爸爸长辫子了》《孙悟空的成长日记》（六小龄童先生的自传）；安全教育丛书《玩具家族历险记》系列。其中《戴耳环的猪》《枫叶喝醉了》2004年已销往台湾地区，并荣获台北市立图书馆"好书大家读"奖。